LETTRE

ÉCRITE

A SON ALTESSE SERENISSIME

MONSEIGNEUR

LE DUC D'ORLEANS,

PREMIER PRINCE DU SANG;

Ou se trouvent exposées quelques gentillesses des S.rs Bachois de Villefort, Lieutenant Criminel; Flandre-de-Brunville, Procureur du Roi; Le-Noir, ancien Lieutenant Général de Police, encore Conseiller d'Etat, encore Bibliothécaire du Roi; & Shée, Secrétaire Général des Hussards;

Par M. DE LA TOUCHE, Officier réformé de Hussards.

1789.

LETTRE

Ecrite à S. A. S. Monseigneur le Duc D'ORLÉANS, premier Prince du Sang.

MONSEIGNEUR,

IL ne me suffit point, il ne peut point me suffire que votre Altesse Sérénissime ait dit, en s'expliquant sur moi en présence d'un Officier Général & de mon Colonel, n'avoir jamais eu intention d'effleurer mon honneur ni de me priver de mon avancement. Le souvenir que je garde des bontés dont elle m'honorait, le prix que j'attache & que je ne cesserai d'attacher à ces bontés, ce que je vous dois, Monseigneur, ce que je me dois à moi-même, tout enfin me fait un devoir de vous convaincre que je n'ai point cessé un seul instant d'avoir droit à votre bienveillance & à votre estime la plus entiere. Cette tâche remplie, je vous demanderai vengeance du lâche qui a eu le front

A 2

de chercher à me diffamer ; vous me la devez, & j'ose dire que la réputation méritée de justice & de droiture dont vous jouissez , sera intéressée à ce que vous me la rendiez.

Bien loin que je craigne, Monseigneur, que Votre Altesse sérénissime ne s'offense de ce que je rends cette lettre publique , la pureté de ses sentimens me garantit que je la verrai applaudir aux motifs qui m'y déterminent. Comme l'on a en effet pris le plus grand soin de répandre les calomnies que l'on s'est permises sur mon compte, ce n'est pas assez pour moi de paraître pur à vos yeux, il faut que je le paraisse aux yeux de tous ceux auprès desquels on aurait pu me noircir. Il importe encore à tout ce qu'il y a de braves Officiers, que je leur fasse connoître, sous ses véritables traits, un homme indigne de porter les armes. Cet homme est l'Irlandois SHÉE, Secrétaire général du Corps des Hussards & de vos Commandemens. Il importe de même à mes concitoyens que, dans ce moment de régénération, où la Société désire s'épurer, je dénonce à leur exécration, comme à la vôtre, Monseigneur , des êtres atroces, qui, placés dans le sanctuaire des lois, & préposés pour en exercer le saint ministere, portent la scélératesse jusqu'à vouloir, froidement & sans remords, immoler l'innocent en pleine connoissance que c'est l'innocent qu'ils vont immoler. Ces êtres atroces sont les sieurs BACHOIS, Lieutenant Criminel ; DE FLANDRE DE BRUNVILLE, Procureur du Roi ; & LE NOIR, Conseiller d'Etat, ancien Lieutenant de Police. Enfin,

Monseigneur, le fourbe que je me propose de démasquer m'a fait, en interceptant plusieurs lettres que j'ai eu l'honneur d'écrire à Votre Altesse Sérénissime, une nécessité de recourir à la voie de l'impression. J'entre en matiere.

J'ai embrassé la profession des armes au sortir, pour ainsi dire, de l'enfance ; de sorte que, quoique je sois encore jeune, j'ai vingt neuf ans de service. Je suis assez heureux pour pouvoir assurer, sans crainte de me voir démenti, qu'en tous temps, comme en tous lieux, l'honneur a dirigé mes pas : aussi, par tout où j'ai servi, ai-je emporté avec moi l'estime de mes supérieurs & les regrets de mes camarades. Je sortais des Gardes-du-Corps, lorsque j'eus l'honneur d'être présenté à Monseigneur votre pere. Ce furent ses premiers Officiers qui me rendirent ce bon office, & je lui fus annoncé comme ayant un droit acquis à ses bontés, par les services de mes parens paternels & maternels, & notamment par ceux de mon pere (1). Je fus ensuite, en 1780, introduit pareillement auprès de Votre Altesse Sérénissime. On fit valoir en ma faveur ces mêmes services, &, recommandé par une lettre d'un Maréchal de France à qui j'ai l'hon-

_____

(1) Mon père, dont presque tous les ancêtres ont été Officiers supérieurs dans la Maison du Roi, ou dans les autres troupes, a été, pendant trente-deux ans, Commissaire départi au Conseil de feu S. A. S. Monseigneur le Duc d'Orléans, & premier Magistrat de son Comté de Mortaing. L'hommage rendu à son zèle, son intelligence, & son désintéressement, lui a survécu dans le souvenir qu'on en conserve.

neur d'être allié, je vous le fus encore par plu-
fieurs perfonnes de qualité de votre maifon.
Vous me permîtes de vous faire ma cour, &
enfin, en 1782, vous me fîtes expédier des
brevets pour fervir dans votre régiment de Huffards. Que j'étois éloigné de penfer que cette
juftice, que je regardais comme une faveur,
ferait la fource des maux de tout genre que
j'ai éprouvés ! Elle ne l'a cependant que trop
été ! Doute fur mon honneur pendant un temps,
humiliations réfervées aux feuls fcélérats, perte
de ma liberté pendant trois ans, fouffrances de
corps, anxiétés d'efprit, état voifin du défefpoir, renverfement enfin de ma fortune ; tels
font les fruits amers que, grâces à l'envie de
nuire, innée chez le fieur Shée, j'ai recueillis de
là marque d'intérêt que vous avez bien voulu
me donner. Je ne vous en garde pas moins de
reconnoiffance, Monfeigneur : ce ne font point
lès ames comme la mienne que le malheur
rend injuftes, ni à plus forte raifon ingrates. Je
pourfuis.

Lors de mon entrée au Corps, le fieur de
Chaumont en était Secrétaire, Il eut le malheur
de déplaire à Votre Alteffe Séréniffime, & il
fut remplacé par l'être vil qui a fait fondre fur
ma tête tous les maux dont je pourfuis aujour-
d'hui auprès de vous la réparation. Sans être le
panégyrifte du fieur de Chaumont qui n'exifte
plus, j'oferai dire que fes talens étaient fupé-
rieurs à ceux de Shée. Pour ce qui eft des qualités morales, je ne ferai jamais à qui que ce
foit l'outrage de le mettre à cet égard en com-
paraifon avec ce dernier. Je vis le nouveau Se-

crétaire quelque temps après la retraite du sieur
de Chaumont. Il me fit mille offres de services,
&, au moment même où il me les faisait, le
perfide Irlandais avait déjà commencé à me des-
servir. Je prie Votre Alteffe Séréniffime de se rappeler qu'elle avait écrit la lettre la plus forte à
M. de Montbarrey, en faveur d'un mémoire dont
le succès intéreffait mon avancement, & qui
portait sur des motifs justes. Il ne s'agiffait
plus que d'apostiller ce mémoire, & vous me
l'aviez promis, Monseigneur, il y avait plus de
six mois. Je vous le préfentai moi-même; vous
me refufâtes, en me difant que vous étiez preffé,
& qu'il fallait l'examiner.

Ce refus, qui ne s'annonçait que comme mo-
mentané, ne me laiffait rien voir d'extraordinaire; mais je ne tardai pas à être instruit par
un des fous-ordres de votre maifon, que l'influence
de Shée pouvait y entrer pour quelque chofe.
Le sieur de Chaumont était dans votre disgrâce;
il entrait, me dit-on, dans la politique de fon
succeffeur d'applaudir à votre éloignement pour
ce devancier, & il ne voyait pas de plus sûr
moyen de vous être agréable, que l'attention la
plus active à vous préfenter fous un jour défavorable tous ceux qu'il foupçonnait avoir tenu à
cet Officier. Il eft honteux pour notre espèce
d'être obligé de convenir que fi Shée, en
fe conduifant ainfi, agiffait méchamment, du
moins il raifonnait jufte. Permettez - moi à
cette occafion, Monseigneur, une réflexion qui,
prife en confidération, peut avoir fon utilité.
Les Princes feraient trop heureux s'ils étaient
fans paffions, mais ils en ont, & en cela auffi

A 4

malheureux que nous, ils sont plus malheureux que le reste des hommes, en ce qu'ils sont presque toujours entourés de flatteurs qui les attisent.

Je n'avais point été lié particulièrement avec le sieur de Chaumont; nul motif personnel de me nuire ne pouvait faire agir le sieur Shée, pour qui j'étais encore un être à peu près inconnu. Par ces considérations, je me refusai à croire qu'il eût agi contre moi. Il ne me fut bientôt plus permis de douter de sa mauvaise volonté, ainsi que de la duplicité de son cœur, lorsque, vers la fin du mois d'août 1783; temps où il m'accablait de caresses & de protestations d'amitié, il se permit de vous remettre, ainsi qu'à M. le Comte de Montréal, alors Colonel du Régiment, plusieurs libelles contre moi, presque tous anonymes.

Je demande, non pas simplement à tous ceux qui ont quelque idée de ce qu'on appelle procédés, mais encore à tous ceux qui ont la moindre connaissance du cœur humain, quelle opinion l'on peut & l'on doit avoir d'un homme qui, après avoir servi à inculper son camarade, ne l'avertit point qu'il est dans le cas d'avoir à se justifier, mais, au contraire, l'entretient, par des caresses trompeuses, dans l'ignorance de l'orage formé sur sa tête? Tenir une conduite pareille, n'est-ce pas dire que l'on désire qu'il ne se justifie point? Ce désir ne renferme-t-il pas l'aveu muet que l'on sent qu'il peut se justifier, que l'on craint qu'il ne le fasse? Cette crainte, enfin, ne dit-elle point que, tout au moins, l'on n'est pas éloigné de regarder comme une calomnie l'imputation dont on s'est rendu l'instrument?

C'eſt maintenant, Monſeigneur, à Votre Alteſſe Sérénſſime que je le demande, eſt-ce comme un homme honnête ou comme un malhonnête homme qu'il faut regarder un Officier qui, plus porté à regarder ſon camarade comme irréprochable que comme répréhenſible, ſe rend ſon dénonciateur, & l'endort par de feintes démonſtrations d'amitié, après avoir, en ſecret, dirigé un poignard contre lui? Je croirais avoir à me jeter aux genoux de Votre Alteſſe Séréniſſime, ſi je tardais un inſtant à répondre pour elle qu'un pareil homme eſt un méchant. Eh bien, Monſeigneur, puiſque Shée eſt ce méchant, & qu'un méchant ne doit point approcher de vous, Shée n'en peut donc plus approcher. L'argument eſt ſans réplique, & c'eſt tout autant votre honneur que le mien, Monſeigneur, qui prononce ſur ce qui doit être. En vain celui dont je remets la lâcheté ſous vos yeux nieraitil m'avoir fait alors les careſſes que je lui reproche; ce qui me reſte à dire prouvera juſqu'à l'évidence qu'il me les a faites, qu'il entrait dans ſes vues de me les faire, qu'il était impoſſible qu'il ne me les fît pas.

Ce fut par M. le Comte de Montréal que j'eus connaiſſance de ce qui ſe paſſait. Je continuais à vous faire ma cour; je crus m'apercevoir que vous ne me receviez plus avec cette bonté que vous m'aviez juſques-là daigné témoigner; j'en fus attriſté, & je m'en ouvris à mon Colonel. Il me dit, avec la franchiſe d'un vrai militaire, que l'on vous avait remis des écrits & tenu des propos contre moi qui étaient terribles, & qui

exigeaient une prompte juftification. Je ne la fis
pas attendre

Parmi les faits qui m'étaient calomnieufement
imputés , il en était relativement auxquels le
Chancelier de Monfeigneur le Duc d'Orléans
pouvait fixer votre jugement ; il s'empreffa de
me rendre une juftice méritée , & d'attefter la
fauffeté des imputations. On m'accufait d'avoir
furpris votre religion en m'introduifant fous de
faux noms auprès de Votre Alteffe Séréniffime.
Il ne me fut pas difficile de répondre , & ,
après avoir obfervé que j'étais peut-être le premier homme à qui l'on s'était avifé de difputer
qu'il fût le fils de fa mere , je prouvai que fi
j'avais , ainfi que mes freres , ajouté à mon
nom paternel mon nom maternel , ç'avait été
par arrangement de famille & par permiffion ex-
preffe du Roi ; que je poffédais alors la terre
à laquelle la Maifon d'où ma mere était iffue
avait donné fon nom ; que d'ailleurs je n'avais
jamais tu celui de mon pere , dont je ne pouvais d'ailleurs que m'honorer , puifqu'il n'avait
jamais été porté que par des Magiftrats diftin-
gués & par de braves Officiers , & cela depuis
Henri V , Roi d'Angleterre , qui s'était attaché un
de mes ancêtres paternels comme Capitaine
d'hommes d'armes. En 1772 , un Gentilhomme
de mes voifins avait ofé fe permettre une diffamation atroce contre moi. On reffufcitait ,
dans les libelles que Shée vous avait remis ,
cette diffamation , mais on en taifait l'iffue.
On fe gardait bien de vous dire , Monfeigneur ,
que ce Noble lâche & méprifable avait , par

~~langue~~ du Tribunal des Maréchaux de France,
été condamné à me faire des excuses en préfence de huit Gentishommes, à trois ans de
prifon, & à fe tenir éloigné de dix lieues de
tous les endroits où je me trouverais.

Je n'oublie point, Monfeigneur, que j'ai
promis de démontrer que, dans le temps où il
fervait à m'inculper, Shée m'accablait de car-
reffes perfides. La démonftration que j'ai à en
donner confifte à demander s'il n'implique pas
contradiction qu'il eût tenu une autre conduite
que cette conduite des fourbes, lorfque, con-
vaincu que c'était à une calomnie qu'il donnait
cours, il s'y affociait encore lui-même en con-
trouvant pour fon compte ce qui était de nature à l'accréditer ? C'eft ce qu'il a fait en af-
furant, lors de la remife des libelles, Votre
Alteffe Séréniffime, M. le Comte de Montréal,
& d'autres Officiers Généraux, qu'un Officier
fupérieur de ma province lui avait certifié la
vérité de leur contenu. Inftruit de cette cir-
conftance par M. le Comte de Montréal, &
que cet Officier qui avait été nommé était
M. de Beauregard, Lieutenant-Colonel d'Infan-
terie, j'écrivis à ce dernier. Ma lettre était telle
qu'elle devait être en cas pareil, c'eft-à-dire peu
ménagée, & je lui demandais un rendez-vous
pour nous expliquer. Je reçus pour réponfe de
cet Officier, qu'il était fâché que fa fanté le
privât du plaifir de me voir, & de démentir
en ma préfence, ainfi qu'il était prêt à le faire
par-tout ailleurs, l'impofteur qui avait ofé le
calomnier. J'ai communiqué cette lettre à M.
de Montréal & aux Officiers Généraux qui

avaient été témoins de l'assurance donnée aussi impudemment que méchamment contre moi , & j'ai eu l'honneur de la remettre à Votre Altesse Sérénissime (1).

Je ne puis croire autre chose, sinon que, préoccupé en ce moment d'objets plus importans , vous n'y avez donné qu'une faible attention. J'ose aujourd'hui, Monseigneur, vous demander de porter le jugement que , moins préoccupée , Votre Altesse Sérénissime eût porté pour lors. Ce jugement ne peut être douteux. Elle aurait vu, dans le Secrétaire général des Hussards , un homme convaincu de la plus noire calomnie, & qu'elle devait dès-lors éloigner de sa présence.

Si mon honneur , que je mets avant tout , provoque sur sa tête les marques de votre mépris & de votre indignation, qu'il me soit permis de le dire, elles font encore une forte de réparation que vous devez aux malheurs constans que j'ai éprouvés, puisqu'ils ont été la suite de cette calomnie.

L'être vil dont je me plains ne s'était pas en effet contenté de me noircir dans votre esprit ; il n'avait pas craint, pour mieux y réussir, de compromettre la dignité de Votre Altesse Sérénissime, en la portant à me déférer à la Police, & à y faire prendre des informations sur mon

_____

(1) Je la montrai même à Shée ; mais, quoique j'aie le bonheur de parler assez clairement, je n'eus pas celui de me faire entendre, & je reconnus qu'à ses autres défauts il joint une dureté d'oreille qui le rend absolument incapable de rester au service.

compte. D'après vos ordres, ainſi provoqués inſidieuſement, M. Fontaine, Secrétaire de vos Commandemens, avait écrit & fait paſſer les libelles dans ce repaire odieux. Le ſieur le Noir en avait pour lors la direction. Les informations les plus ſcrupuleuſes furent priſes ſur la conduite que j'avais tenue à Paris depuis dix-huit ans que j'habitais cette Capitale. Que de raiſons n'avait pas Shée d'eſpérer que ma réputation étant ainſi livrée à des hommes à qui l'on ſait que l'on faiſait tout dire & tout faire, il s'éleverait quelque nuage contre elle de ce gouffre d'immondices ! Il ſe trompa. Les méchans ne ſervent pas toujours les méchans. Le ſieur le Noir vous fit, au bout de ſix ſemaines, Monſeigneur, une réponſe dont, par votre ordre, M. Fontaine m'a donné copie ſignée de ſa main. Il marquait à Votre Alteſſe Séréniſſime qu'il s'était procuré la plus entiere conviction de la fauſſeté des libelles ; qu'il n'y avait jamais rien eu contre mon honneur ni contre ma délicateſſe ; que vous ne pouviez, ſans injuſtice, me priver de vos bontés, &, enfin, qu'il avait fait arrêter l'auteur d'un des libelles, & qu'il allait le faire punir.

Que n'a-t-il plu au ciel que cette ſatisfaction ne me fût point donnée ! Je n'aurais pas été l'objet d'une inſtruction criminelle, je n'aurais pas vu mon nom ſali dans les papiers publics, & je n'aurais point paſſé trois ans dans la plus cruelle captivité. Béniſſez, Français, béniſſez mille fois l'inſtant où la liberté, ſe levant majeſtueuſement, a foulé aux pieds l'horrible inquiſition ſous laquelle la France gémiſſait. Qui pourra croire un jour qu'il a exiſté parmi nous

un ordre de chofes où l'on n'avait pas affez de
fon innocence pour être en fûreté fur fa liberté,
fur fa vie même, & où il fallait encore, pour
n'avoir point de rifques à courir, n'avoir pas
eu le malheur de déplaire à quelque fuppôt de
la Police ; un ordre de chofes où la délation
d'hommes indignes de la moindre croyance trouvait toute croyance & tenait lieu de conviction ?
Les êtres les plus chargés d'opprobres & de
crimes étaient ainfi les ennemis les plus redoutables, & les coups qu'ils vous portaient étaient
d'autant plus fûrs, que la main qui vous frappait
était invifible. Mais ce que l'on ne fe rappellera
point fans frémir, c'eft qu'il était, jufqu'à un
certain point, au pouvoir de cette horde de
brigands d'attaquer & d'égorger l'honneur même.
Répandus dans toutes les claffes de la fociété,
dont, graces à la corruption générale, il n'était
aucune où ils ne trouvaffent à fe recruter, c'était
fous les dehors de ce qu'il y a de plus honnête que fe préfentaient les ftipendiaires de la
tyrannie, conftitués tyrans à leur tour ; ils ca-
lomniaient en cent lieux à la fois l'homme qu'ils
avoient opprimé, & l'on croyait en cent lieux
entendre la probité accufer un coupable. For-
tifiée par le funefte penchant qui, à la honte
de notre nature, nous porte à croire le mal,
la préfomption défavorable groffiffait, &, déjà
courbée fous le poids des fers, la victime dont
on voulait étouffer la réclamation, fe voyait
encore écrafée, finon pour toujours, du moins
pour un temps, fous le poids de l'opinion publique.

Nous fommes encore, Monfeigneur, trop

près du moment où ces iniquités avaient lieu, pour que l'on puisse me soupçonner de charger le tableau. C'est d'ailleurs malheureusement d'après ce que j'ai éprouvé que je peins. Le misérable reconnu pour auteur d'un des libelles fabriqués contre moi , fut mis à Bicêtre. Cet homme , qui s'appeloit le Clerc , avoit eu , pour me dénigrer , l'audace de s'introduire auprès de Votre Altesse Sérénissime sous l'habit ecclésiastique. Les talens pour l'espionnage qu'annonçaient cette ruse & cette effronterie, n'échapperent point au nommé Santerre , Agent du sieur Le Noir ; il ne lui fut pas en conséquence difficile de le faire élargir , pour l'associer à ses nobles fonctions. J'eus dès-lors , sans le savoir, un ennemi redoutable , & c'est au sieur Shée que j'ai dû cet ennemi, ou, tout au moins, l'odieuse possibilité de me nuire qu'il a si bien mise en pratique.

Si, en effet, ce digne Secrétaire général des Hussards n'eût pas , au mépris de tous les procédés, colporté des libelles contre son camarade, sans l'avertir qu'il était inculpé ; s'il n'eût pas, sans pudeur comme sans probité, eu la noirceur d'accréditer ces libelles, en assurant qu'un Officier supérieur, qui l'a hautement démenti, lui en avait certifié véritable le contenu ; s'il n'eût pas, sans égard aucun pour ce qu'il vous devait, Monseigneur , porté Votre Altesse Sérénissime à s'adresser au sieur Le Noir, si enfin il n'eût pas été ce qu'il paraît qu'il lui est impossible de ne pas être, c'est-à-dire, un coquin (car la calomnie est l'art du plus bas coquinisme), le Clerc, dont j'aurais ignoré ou mé-

prifé les menées, n'aurait point été renfermé à
Bicêtre ; il n'en ferait point forti avec le défir
de me perdre & pourvu des moyens de pouvoir
me nuire ; il n'y aurait pas enfin réufli , & je
n'aurais pas vu tous les genres d'infortunes m'af-
faillir : c'eft donc le fieur Shée que l'on doit
regarder comme les ayant raffemblées fur ma
tête.

Jufqu'ici, Monfeigneur , cet homme n'avait
d'autre crime à vos yeux que celui de s'être
fervi de moyens noirs & lâches pour enlever
vos bontés à un Officier qui n'a point ceffé d'en
être digne. Ç'en était bien affez pour que Votre
Alteffe Séréniffime l'envifageât & le traitât
comme les honnêtes gens vont maintenant l'en-
vifager & le traiter. Mais, à cette heure où je
viens de montrer que c'eft à lui que je puis
rapporter tous mes maux comme à leur premier
auteur, quelle ne fera pas votre indignation lorfque vous connaîtrez toute l'étendue de ces maux?
Quelle ne fera-t-elle pas, enfin, lorfque vous
le verrez chercher ultérieurement à y coopérer?

Permettez, Monfeigneur , que, prêt à les
retracer, je m'arrête pour effuyer mes larmes.
Eh ! comment n'en verferais-je pas en ce moment où fe renouvelle dans mon ame tout ce
qui, pendant plus de trois ans, s'y eft paffé de
douloureux?

Une dame de Villiers, morte fubitement,
avait été trouvée étendue dans la rue à la fin
de Mars 1784. Le Commiffaire le Blond en
avoit fait la levée avec le fieur Santerre. Cet
agent du fieur Le Noir, dont je viens de parler,
avait des rapports avec la famille de la dame
de

de Villiers. J'avais connu cette femme, qui passait pour être très-riche ; il se rencontra chez elle quelques lettres de moi, & je demeurais dans le quartier où elle avait été trouvée privée de vie. Ces circonstances éveillerent la haîne ; elle crut y voir l'occasion de troubler ma tranquillité, & elle la saisit. Si je dois en croire ce que j'ai pu recueillir depuis, on imagina qu'ayant été lié avec la dame de Villiers, & ayant même, à ce que l'on disait, eu en vue de l'épouser, elle pouvait m'avoir fait quelques présens ; qu'ils se trouveraient chez moi ; qu'on reconnaîtrait les objets pour lui avoir appartenu ; que ce serait un prétexte d'abord pour m'en dépouiller, & ensuite pour me rendre l'objet d'autres accusations. Au reste, je ne puis assurer positivement si ce fut cela qu'on se proposa, parce qu'il est évident qu'on ne me mit pas en tiers dans un complot formé contre ma personne. Ce qu'il y a de certain, c'est qu'on ne se proposa point que la piece eût un dénouement satisfaisant pour moi.

Tandis que tout cela se concertait, je dormais dans mon lit du sommeil paisible de l'innocence. C'était le premier Avril. Tout à coup les Sbires du sieur Le Noir investissent ma maison, le sieur Santerre à leur tête. On entre chez moi, on me prodigue les dénominations les plus déshonorantes, & l'on finit par me traîner chez un Commissaire, après s'être emparé de mes effets pour servir de pieces de conviction. On me prit pour plus de 800 l. de reconnaissances, du Mont-de-Piété, représentatives de plus de 3000 liv., lesquelles ne furent point déposées

B

au Greffe. On y dépofa mes papiers, mes boucles, mes montres, & ma bourfe, où il y avait quatre-vingts louis. Je ne dirai point que ces objets m'y ont été volés ; mais ce que je puis af-furer c'eft qu'ils ne font pas encore revenus entre mes mains.

Arrivé chez le Commiffaire, on me fait prêter un interrogatoire captieux, & je ne tarde pas à reconnaître qu'on m'accufe d'être un lâche affaffin, & d'avoir tué la dame de Villiers, pour, à l'aide de fes clefs, aller enfuite la voler. Mes réponfes font ce qu'elles devaient être. Je demande un référé, on me le refufe. Prêt à fortir, je change quelques louis pour de l'argent blanc ; à cette vue, le Commiffaire dit à Santerre, du ton d'un homme qui a fait une découverte, le frere de la dame de Villiers s'eft trompé de quatre louis fur le gros fac. Santerre, d'un coup - d'œil qui femble lui dire de ne pas perdre cette preuve, lui impofe filence. Quel outrage ! le faire boire à un innocent connu pour tel, quelle horreur ! Tout mon fang bouillonne quand j'y penfe. C'était, ainfi que je l'ai dit, le Commiffaire le Blond & Santerre qui avaient fait la levée du cadavre de la dame de Villiers ; ils favaient ce que j'ignorais ; ils favaient, ces hommes abominables, que les Chirurgiens appelés n'avaient reconnu aucune contufion, & avaient déclaré qu'elle était morte de mort naturelle ; ils le favaient, & ils ont ofé m'interroger, m'injurier, relativement à un fait dont l'exiftence leur était connue ! & ils ont eu la fcélérateffe de me faire jeter dans le fond d'un cachot !

Tandis que, dans ce lieu d'horreur, l'univers n'exiftait plus pour moi, par une de ces manœuvres que j'ai peintes, on me faifait exifter pour l'univers. On répandait mon aventure dans tous les coins de Paris; mon nom, mes qualités étaient diftinctement articulés, & les journaux répandaient la diffamation dans les Provinces & dans l'Europe. Le prétendu crime était exactement décrit, on eût dit que ceux qui en faifaient le récit avoient été complices, tant ils fe montraient inftruits des moindres particularités; enfin il n'y avait, comme l'on dit, fils de bonne mere qui ne s'apitoyât fur cette pauvre dame de Villiers, que ce malheureux Chevalier de la Touche avait d'abord empoifonnée & qu'impatient de voir que le poifon tardait à faire fon effet, il avait achevée à coups de couteau. C'eft ainfi que la calomnie, lorfque ceux qui l'établiffent font en grand nombre & fe préfentent fur-tout fous un dehors honnête, en vient à former l'opinion publique; l'opinion publique influe à fon tour fur celle des Juges, & le malheureux accufé les trouve prévenus. Que l'on ajoute à cela l'habitude de prendre affez leftement des préfomptions pour des preuves, & que l'on dife fi l'innocence n'eft pas, les trois quarts du temps, en danger. Heureufement pour moi je n'avais pas à craindre qu'une prévention défavorable pût s'établir ou du moins fe foutînt; la nature des chofes s'y oppofait, & il était au deffus des défirs des fieurs Bachois & Brunville même, de pouvoir me croire coupable, parce que l'impoffibilité que

je le fuffe leur était démontrée. Mais j'ignorais
que mon innocence fût auffi bien remparée.

L'étroite captivité, Monfeigneur, dans laquelle je fus retenu pendant fix femaines, me
fauva du moins pendant ce temps la douleur
de favoir à quel point mon honneur était dé-
chiré. Si l'on me tirait de ma fombre & infecte
habitation, c'était pour m'y replonger auffi-tôt.
La premiere fois que l'on m'en fit fortir, ce
fut pour affifter à l'ouverture du corps de la
dame de Villiers. Qui pourra croire qu'au moment même où les Médecins & Chirurgiens
du Châtelet venaient de déclarer dans leur
procès verbal, dont on fe garda bien de me
donner connoiffance, que la dame de Villiers
n'avait été ni excédée ni empoifonnée, mais
qu'elle était morte de mort naturelle, qui pourra
croire, dis-je, que les fieurs Bachois & Brunville vouloient, par des interrogats captieux,
m'amener à donner lieu de croire par mes réponfes qu'elle avait été empoifonnée & affaffinée à coups de couteau ? Qui pourra croire
que, pour me déconcerter en me navrant l'ame,
leur refrein était de me dire, avec un rire mo-
queur, que c'était eux, & non pas moi, qui étaient
coupables du crime ?

La même indignité & les mêmes farcafmes
ont eu lieu de la part de ces Juges fi dignes
d'être les amis du fieur Le Noir, lorfqu'ils
m'ont conduit dans le logement de la dame
de Villiers. Ils n'ignoraient pas que les clefs
de fon appartement avaient été trouvées dans
fon anti-chambre, cachées dans une paillaffe,

& que l'on avait trouvé de même des facs pleins d'or fur fa cheminée.

Ils fe donnerent bien de garde de me mener chez moi. Les fuppôts de la Police les avaient trop bien inftruits que la difpofition des lieux ne rendait pas admiffible la fuppofition que l'on voulait accréditer, qu'après avoir attiré chez moi la dame de Villiers, & l'avoir affaffinée, je l'avais portée fur mes épaules jufqu'à l'endroit où elle avait été trouvée morte. Il y avait cinq portes, dont quatre communes avec les voifins, à traverfer avant que d'arriver dans la rue. Le devant de la maifon était occupé par un Cabaretier; fon cabaret, qui était toujours plein, avait une fortie dans l'allée, & en face de la maifon était une place de fiacres. On voit l'impoffibilité morale qu'un homme eût fait, chargé d'un fardeau tel que celui dont il s'agit, vingt pas fans être arrêté.

Je vous demande mille pardons, Monfeigneur, de m'appefantir fur de pareils détails; mais c'eft de mes malheurs que je vous demande que vous me vengiez; je ne puis donc me difpenfer de vous les faire connaître, & de vous démontrer en même temps qu'ils ont été l'ouvrage de l'iniquité. D'ailleurs, Monfeigneur, la connoiffance des fentimens patriotiques qui animent Votre Alteffe Séréniffime, me fait une loi de lui dénoncer les ennemis du bien public, parmi lefquels un des premier rangs eft dû je crois, aux Juges prévaricateurs.

Je demandais tout à l'heure qui pourrait croire qu'ayant connaiffance de ce qu'atteftaient les Médecins & Chirurgiens, les fieurs Bachois

& de Brunville se soient permis de passer outre?
Je demande maintenant qui pourrait en douter? Il faudrait, pour cela, que je n'eusse pas
été soumis à tous les interrogatoires, à toutes
les confrontations qu'entraîne un procès réglé
à l'extraordinaire. Il faudrait, pour cela, qu'ils
n'eussent pas rendu contre moi un premier jugement. Il faudrait enfin qu'il ne fût pas, sur
mon appel, intervenu un arrêt qui m'a inno-
centé. Mais n'anticipons point ; j'ai encore à
rendre compte de quelques marques de bienveillance dont ces Messieurs ont bien voulu
m'honorer.

Plus de cent témoins ont été entendus, &
il en a coûté quarante mille francs au Roi
pour savoir si j'étais coupable ou non d'un
crime qui était reconnu ne pas exister. Lorsque
je fus conduit chez la dame de Villiers, & pour
l'ouverture du cadave, on affecta de me faire
sortir par le grand escalier. Les suppôts de la
Police, & tout le Public, qu'ils avaient eu soin
de prévenir, se trouvaient en foule sur mon
passage, & l'on avait soin de faire observer
que c'était par-là que sortaient ceux qui étaient
condamnés & qui devaient être exécutés. De
cette maniere le bruit de mon supplice pro-
chain ne pouvait manquer de se répandre ;
c'étaient autant d'atteintes portées à ma réputation , & ce n'était pas sans dessein. On
se préparait par-là le moyen de m'opprimer par
la suite arbitrairement, si l'on ne pouvait m'é-
gorger judiciairement. Vis-à-vis, en effet, d'un
homme présenté comme reconnu coupable,
tout coup d'autorité ne peut plus être regardé

que comme une grâce, &, en cas pareil, fi le
Public eft porté à fe plaindre, ce n'eft pas en
faveur de l'opprimé, c'eft, au contraire, de ce
que l'on ufe d'indulgence à fon égard. Quelle
profondeur de fcélératefle !

Toutes ces précautions odieufes ne raffuraient
cependant point entierement ces hommes pervers.
J'ai eu la preuve la moins équivoque qu'ils n'é-
taient rien moins que tranquilles dans leurs
démarches auprès de moi, pour que je n'appelaffe point du jugement qui ordonnait un plus
amplement informé. Les ouvertures qu'ils me
firent faire furent pour moi un trait de lumiere.
D'ailleurs l'honneur me parlait, & quiconque
en connaît la voix fait que, quand il eft at-
taqué, il faut-le mettre hors de doute, ou ne
point lui furvivre.

Juges iniques ! je ne fuis plus devant vous,
nous fommes, vous & moi, aux pieds de la
Nation, où je vous traîne, & où je vais bientôt traîner le fieur Le Noir. Je vous dénonce
comme coupables envers moi, &, dans ma perfonne, envers tous les Citoyens, de m'avoir
tenu dans les fers & de m'avoir fait éprouver
toutes les horreurs d'une procédure criminelle,
fans qu'il y eût, relativement au cas fur lequel
vous inftruifiez, aucune dénonciation, aucun
corps de délit ; je vous accufe d'avoir fait tout
ce qui était en vous pour faire trouver coupable un innocent qui était connu de vous pour
innocent ; car où le crime n'exifte point, il eft
impofible qu'il fe trouve quelqu'un qui l'ait commis. Répondez, fieur Bachois, répondez, fieur
de Brunville. Effayez de nier ce que j'avance.

Pour nier que c'est en pleine connoissance de
votre part de l'inexistence d'un corps de délit,
que vous avez instruit contre moi, & que vous
m'avez méchamment tenu dans les fers, il faut
que vous détruisiez les deux procès verbaux des
Chirurgiens & Médecins. Ce n'est pas assez; il
faut encore que vous les arrachiez de la mémoire
du Conseiller-Rapporteur du Parlement qui les
a eus sous les yeux; il faut enfin que vous
soyez assez puissans pour faire que ce qui a
existé n'ait point existé, & que l'arrêt de la Cour
qui a infirmé votre jugement & qui m'a ab-
sous d'une voix unanime, n'ait point été rendu
d'après ces procès verbaux. Pour nier de même
que vous m'avez fait subir une instruction criminelle relativement à un crime q'e vous saviez
n'avoir point été commis, il faut encore que
vous fassiez que ce qui a existé n'ait point existé,
c'est-à-dire, qu'il faut que je n'aie point été em-
prisonné, que vous ne m'ayez point tenu pendant six semaines au cachot, que vous ne m'ayez
point confronté plus de cent témoins, qu'il n'y
ait point eu de conclusions données, que vous
n'ayez point rendu un jugement, & enfin qu'il
n'y ait point un arrêt qui l'infirme. Voilà de terribles témoins; je vous laisse avec eux & vos
remords, si ceux dont l'ame est assez de bronze
pour travailler à la perte de l'innocent, en sont
susceptibles.

Je reviens, Monseigneur, à l'honnête Secrétaire Général des Hussards. C'est encore comme
calomniateur que Votre Altesse Sérénissime va le
voir paroître; mais, vu la circonstance, la calomnie tient ici de l'atrocité. J'ajouterai qu'elle

tient tout autant de la bêtise , puifque le fieur
Shée a eu la mal-adreffe impudente de vous faire
figurer dans fon indigne démarche. J'avais été
arrêté le premier Avril 1784 ; il faut croire que
la nouvelle de ma détention ne lui parvint que
le 3 , puifque ce ne fut que le 3 qu'il me donna
des marques du tendre intérêt pris de fa part à
ce qui me regarde. Il faudrait que je fuffe bien
ingrat pour n'en point conferver le fouvenir. A
peine , en effet, il apprend que je fuis dans les
fers, que, fans chercher à connaître fi c'eft à tort
où fi c'eft à droit, fans fe rappeler qu'il n'a
calomnié & fans fe dire qu'il eft très - poffible
que d'autres me calomnient encore à fon exem-
ple , il croit devoir entrer dans la mêlée, &,
prenant confeil de fa bravoure ordinaire , penfe
qu'il eft plus fûr de fe ranger du côté des gros
bataillons. Pour mieux faire croire à la million
qu'il va fuppofer lui être donnée, fon uniforme
eft revêtu, & fon regiftre eft pris fous fon bras ;
il vole au Châtelet, cherche le Lieutenant-Cri-
minel, le probe Bachois, le trouve, l'aborde,
&, fe préfentant comme envoyé par Votre Alteffe Séréniffime , & comme agiffant par fon
ordre, l'affure que je fuis un mauvais fujet, que
je me dis Officier de Huffards , mais qu'il eft
faux que je le fois ni que je l'aie jamais été,
& fa vifite, a pour objet de le garantir d'erreur
à cet égard.

Je ne tardai pas à avoir connaiffance de cette
démarche horrible. On conçoit aifément que le
fieur Bachois ayant contre moi une arme qui lui
paraiffait auffi redoutable, & qui, en effet, le
ferait devenue entre des mains comme les fiennes,

s'il y avait eu contre moi la moindre préfomption, on conçoit, dis-je, qu'il s'empreſſa de me
faire ſubir un nouvel interrogatoire. A moi demandé s'il n'était pas vrai que je m'étais dit
Officier de Huſſards, & ſi je perſiſtais à me
dire tel, & par moi répondu que j'y perſiſtais,
il me fut poliment obſervé que j'étais un fourbe ;
l'on m'en donna pour preuve le deſaveu de
Shée, qui, d'ordre de Votre Alteſſe Séréniſſime,
était venu éclairer pleinement à cet égard la
religion des Juges. Le ſieur Bachois finit par
conclure que je voyais bien que c'était inutile-
ment que je niais mon crime, qu'il était clair
que j'étais coupable, & que je devais ſentir
qu'il était impoſſible de me croire, lorſque je
diſais n'avoir point aſſaſſiné la dame de Villiers,
puiſqu'après avoir fait ſerment de dire vérité à
Juſtice, je lui mentais effrontément en perſiſtant
à me donner pour ce que je n'étais pas.

La conſéquence était ſi pitoyable, que, quoique je ne ſois pas un grand raiſonneur, ſa fauf-
ſeté me ſauta aux yeux. Auſſi m'amuſai-je d'a-
bord à perſiffler cette logique enſeignée ſur les
bancs de l'enfer ; car il m'arrivait parfois de
m'amuſer, entraîné par le ſentiment de rage des
humiliations que l'on me faiſait boire ; c'était
le ſeul moyen que j'euſſe de me venger & de
ſoutenir mon courage. Je le convainquis enſuite
que, s'il ſe trouvait un fourbe dans la circonſ-
tance actuelle, c'était le ſieur Shée & non pas
moi. Je n'eus beſoin que d'en appeler à mes brevets
& aux lettres à moi écrites par ce Secrétaire,
ſur la ſuſcription deſquelles ſe trouvait énoncée
la qualité qu'il m'accuſait de prendre fauſſement.

M'arrêtant sur le prétendu ordre donné par Vôtre Alteſſe Séréniſſime, je priai le ſieur Bachois de vouloir bien avoir préſent que c'était le premier Avril que j'avais été arrêté, que V. A. S. était partie pour Londres le 27 mars, & qu'il était viſiblement impoſſible que du premier au 3 Avril, jour où le ſieur Shée était venu éclairer ſa religion, ce Secrétaire vous eût inſtruit, Monſeigneur, & eût reçu de vous les ordres dont il s'était dit chargé. L'impoſture était manifeſte. Quelle conduite a tenue le Lieutenant Criminel, & quelle était celle qu'il avait à tenir? Il aurait dû d'abord prendre une déclaration du ſieur Shée, pour qu'elle fît charge contre moi. La fauſſeté de cette déclaration étant enſuite reconnue, devait-il laiſſer tranquille celui qui la lui avait faite?

Plus integre que lui, Votre Alteſſe Séréniſſime fera ce qu'il aurait dû faire, & le trait abominable du Secrétaire général des Huſſards ne reſtera pas impuni. Il ne peut nier ce trait; mon interrogatoire en fait foi. Indépendamment de mon interrogatoire, le ſieur Bachois, en vue de me dénigrer, en a fait le récit devant vingt perſonnes, parmi leſquelles en était une dont le témoignage eſt irréprochable, & que de tous les temps Votre Alteſſe Séréniſſime honore d'une amitié méritée. Enfin cette même perſonne n'a pas ſeulement entendu de la bouche du ſieur Bachois le récit du fait, il en a eu l'aveu de celle du ſieur Shée lui-même, qui, ſur les reproches ſanglans qui lui étaient faits, n'a pas nié avoir fait la démarche, & s'eſt retranché à

vouloir y donner une couleur, fur quoi il lui a
été dit qu'il efcobardait.

Je laiffe là pour un moment cet homme que
les honnêtes gens ne pourront plus voir qu'avec
horreur, & je reprends l'ordre des faits; car l'ex-
pofé de mes malheurs n'eft pas encore ter-
miné.

J'appelai au Parlement. Mon innocence y fut
reconnue tout d'une voix. Il n'en pouvait être
autrement, puifqu'il eft impoffible que quelqu'un
voie un criminel où il n'y a pas de crime. Il fut
ordonné que mes écrous feraient rayés & biffés;
que mention de l'arrêt ferait faite fur les regiftres
du Châtelet & de la Conciergerie, & qu'il ferait imprimé & affiché en tel nombre que j'a-
viferais, &c. &c.

Ce fut alors que j'eus connaiffance des procès
verbaux des Médecins & Chirurgiens. Il n'était
pas befoin d'une grande pénétration d'efprit,
pour voir, dans l'inexiftence d'un corps de délit,
le motif des démarches infidieufes faites auprès
de moi pour que je n'appelaffe point, & le
fujet des craintes des fieurs Bachois & de Brunville. Leurs craintes m'en firent prendre à mon
tour. Si les menées d'un vil efpion, aidé de fon
chef de meute, avaient fuffi pour me faire pré-
cipiter & languir dans un cachot, que ne devais-je
pas redouter des intrigues plus puiffantes d'hommes intéreffés pour eux-mêmes à me perdre ?
Je les voyais d'ailleurs engagés à fe hâter dans
l'emploi de leurs reffources fourdes, pour détour-
ner l'impreffion que pouvaient faire les papiers
publics. On y revenait fur mon compte, & le
Courrier de l'Europe, entre autres, ne fe con-

tentait pas de proclamer mon innocence; il faifoit encore une fortie très-vive fur la Police & fur les premiers Juges. Je n'eus en conféquence rien de plus preffé que de me rendre à Verfailles pour y voir & prévenir le Miniftre. C'était alors M. de Ségur qui était à la Guerre. Il me félicita fur la juftice qui m'avoit été rendue, &, d'après mes craintes qu'on ne le furprît, dont je lui fis part, il m'affura qu'il ferait en garde & qu'il ne donnerait aucun ordre contre moi.

Cette démarche faite, je crus me devoir celle de voir le fieur Shée, pour lui faire mes remerciemens. J'allai chez lui, je ne le trouvai point. J'y retournai, je le trouvai auffi peu. Las de cette invifibilité, je pris le parti de lui écrire. Il faut croire que fes gens reconnaiffent à l'odorat les lettres qu'il ne ferait pas curieux de voir, & les mettent à l'écart comme non avenues; car les miennes d'alors font reftées fans réponfe. Je ne fais fi je me trompe, Monfeigneur, mais il me femble qu'un homme qui fe laiffe ainfi intercepter certaines lettres n'eft pas plus fait pour être Secrétaire général d'un Corps militaire, que, fe permettant d'intercepter celles qu'on a l'honneur de vous écrire, il n'eft fait pour être Secrétaire de vos commandemens. Pour que, de cent perfonnes, il n'y en eût que quatre-vingt-dix-neuf de mon opinion, il faudrait que le fieur Shée fût un des opinans. Je le laiffe encore, pour en venir au fieur Le Noir, auquel me voici arrivé.

Un Préfident m'avait confeillé de préfenter requête en prife à partie contre les Juges du

Châtelet & contre le fieur Le Noir, que je
pouvais pour lors prouver avoir influé dans la
vexation que j'avais éprouvée. Indépendamment
du défir bien naturel que j'avais d'être vengé, mon
honneur me faifait encore une loi de pourfuivre
la fatisfaction que j'avais droit d'attendre. Mes ennemis répandaient en effet & faifaient répandre que
ce n'était qu'à la faveur de votre crédit que je m'é-
tais tiré d'affaire. En faire connaître la nature,
c'eft-à-dire, que j'avais été pourfuivi lorfqu'il
n'y avait lieu à pourfuivre perfonne, était le
moyen le plus fûr de réduire au filence la
calomnie. Je le pris. Un habile Avocat me prêta
fa plume ; mon Mémoire s'imprimait, & je
jouiffais de l'efpoir de le voir bientôt paraître.
Cet efpoir fut vain. Mes démarches étaient
toutes furveillées, & mes ennemis, voyant que
j'agiffais, ne fe tenaient point dans l'inaction ;
il n'y avait point pour eux de momens à perdre,
ils n'en perdirent point, & ma perte fut auffi-
tôt opérée que décidée. Le 9 Septembre 1784,
un mois environ après mon élargiffement, je
fus arrêté en vertu d'une lettre de cachet fortie
des Bureaux du fieur Le Noir. Il n'ignorait pas,
cet homme qu'il n'eft plus befoin de faire connaître, tant il eft connu maintenant (1), que

_____

(1)Nous ajouterons cependant que le fieur Le Noir
étant auffi connu qu'il l'eft, c'eft une chofe furpre-
nante que la Cour ne l'ait pas obligé de déloger de
la Bibliotheque du Roi. La Cour aurait-elle envie de
conferver en place un homme auffi diffamé ? Ce ne
feroit pas là une preuve qu'elle abandonnerait fes prin-
cipes d'efpionnage & de corruption.

j'avais l'honneur de servir dans votre Régiment
en qualité d'Officier ; il ne pouvait l'ignorer,
puisqu'on le lui avait appris en votre nom ; il
savait de même que j'étais irréprochable, puisqu'il vous l'avait marqué lui-même. Comme
Officier, c'était en vertu d'un ordre de mon
Ministre que je devais être arrêté ; mais on
savait que j'avais vu ce Ministre, & l'accueil
que j'en avais reçu n'avait point échappé à l'œil
de la Police, qui voit tout : en conséquence on
n'avait d'autre moyen de me nuire que de tenir
une conduite irréguliere ; on la tint. Qu'est-ce
qu'une irrégularité, quand il s'agit de se mettre
à couvert ? Comme homme irréprochable, ma
liberté devait être respectée par le sieur Le Noir.
Mais que dis-je, irréprochable ? Puis-je oublier
que j'avais contre moi le plus grand des crimes,
celui d'avoir droit de me plaindre des amis du
sieur Le Noir, du sieur Le Noir lui-même ?
Homme pervers, tel est l'indigne usage que vous
faisiez de l'autorité qui se trouvait entre vos
mains ; c'est à couvrir vos forfaits par de nou-
veaux forfaits, qu'elle vous servait !

Je pourrais me contenter de dire en substance
que j'ai été ainsi privé de ma liberté pendant
trente-trois mois ; mais je dois à mes Concitoyens de leur apprendre que la Bastille ne re-
célait pas toutes les victimes des despotes subal-
ternes ; je dois à mes compagnons d'infortune
de faire connaître quel est le lieu de gêne où
j'ai gémi avec eux, & où ils gémissent peut-être
encore.

Les dignes exécuteurs des ordres du digne
Le Noir ne se contenterent point de me charger

de fers, ils me lierent encore avec un foin fi
recherché, que je ne puis rendre le tableau qu'en
difant qu'ils me ficelerent comme une carotte
de tabac. Il y a toute apparence que ma voix
même devait être punie d'avoir parlé contre ceux
vis-à-vis defquels j'avais le tort d'avoir raifon ;
car on me mit un bâillon. En cet état, & fans
me laiffer la liberté de fatisfaire aux befoins les
plus preffans de la nature, on me conduifit à
Mareville, fitué en Lorraine, à quatre-vingts
lieues de Paris.

Arrivé dans cet horrible manoir, où ce font
des Moines (1) qui font l'office de geoliers, on
coupa les cordes qui me cerclaient, on lima
les fers qui m'accablaient & qui m'avaient ci-
catrifé. La joie éclatait dans leurs yeux, mais
cette joie avait quelque chofe d'effrayant; c'était
celle d'un animal carnaffier qui vient de ren-
contrer une nouvelle proie : elle me fit mefurer
d'un coup-d'œil toute l'horreur de mon fort.
Sans donner à mon fang, dont les fers & les
cordes avoient fingulierement gêné la circula-
tion, le temps de reprendre librement fon cours,
les féroces Frères-Chapeau fe précipiterent fur
moi, me déshabillerent, me mirent nu, &, vio-
lant toute pudeur, me fouillerent jufques dans les
plus fecrettes parties de mon corps.

Après cette vifite exacte & indécente de ma
perfonne, on me donna d'autres fers, & l'on me
jeta dans un cachot infecté par un conduit
d'immondices qui n'a point été vidé depuis la

_____

(1) Ce font des Frères Ignorantins.

fondation

fondation de cette infernale Maison. L'odeur
méphitique qui s'en exhale eft capable de tuer
tout homme qui n'a pas le bonheur, comme
moi, d'être de la plus forte conftitution. Ce
fut là qu'on me laiffa, fans eau, étendu fur une
mauvaife paillaffe. J'y fuis refté trois mois avec
la même chemife, & j'ai été obligé de paffer,
fans feu, un hiver rigoureux, n'ayant d'autre vê-
tement qu'une redingote d'été : jamais, malgré
mes demandes réitérées, l'infame Le Noir ne
voulut permettre qu'il me fût donné un habit
plus chaud. Lorfqu'à la faveur d'une faible lueur,
je pus reconnaître mon habitation, je vis que
je n'avois pour compagnons que des araignées,
des rats, & des fouris qui me difputaient fouvent le pain noir & dur que j'amolliffais de mes
larmes. Je n'eus pendant vingt mois aucune
bonne nourriture, quoique l'on me fît, comme
je l'ai fu depuis, payer une penfion très-confi-
dérable. Ma fenfualité n'eut, à cet égard, guere
plus lieu d'être fatisfaite, lorfque la cruauté de
mes cerberes s'oublia jufqu'à me traiter moins
rigoureufement. On aurait dit qu'ils craignaient
qu'on ne fe fouvînt plus qu'on était en enfer.
La foupe fe fait deux fois la femaine pour quatre
cents perfonnes ; le pain, qui eft noir, eft cuit de
quinze jours, & lorfqu'on vous donne du poiffon,
ce que l'on vous en fert fe réduit à une queue
ou une moitié de tête de carpe. Des lentilles
forment la nourriture ordinaire. On fait que
l'ufage prolongé de cette graine envoye au cer-
veau des vapeurs qui l'offufquent. Eft-ce dans
cette vue qu'on vous en adminiftre ? Je ne puis
le dire, car, comme dit un Auteur, il ne faut

C

pas calomnier, même le diable. Tout ce que je fais, c'eſt qu'il n'eſt pas rare de voir dans cette Maiſon des hommes qui deviennent fous. Quelle que ſoit la nourriture, encore ſeroit-on moins à plaindre ſi elle était fournie à diſcrétion ; mais la grandeur des alliettes n'excede point de beaucoup celle de nos ſoucoupes. On vous fait, par-deſſus le marché, obſerver les jours de jeûne, & le nombre en eſt accru par l'obſervation des jeûnes particuliers preſcrits par leur ſtupide Inſtituteur.

Si l'on s'inquiete auſſi peu d'altérer votre ſanté, on ne s'occupe guere plus du ſoin de la rétablir lorſqu'elle eſt dérangée. J'ai craché le ſang plus de trois mois avant qu'on m'adminiſtrât aucun remede. Il fallait, diſait-on, des ordres du Miniſtre. Lorſqu'on les dit arrivés, au lieu d'aller au fait, ce qui était facile au moyen de bonne nourriture & de remedes ſimples que j'indiquais moi-même, on me prolongea pour avoir lieu de faire payer un mémoire, fourni ou non, de médicamens. Car, il ne faut pas s'y tromper, la barbarie n'eſt pas le ſeul vice de ces Moines geoliers, & l'avarice ne les anime pas moins. Ils vendent tout, ils pillent ſur tout ; auſſi ont-ils déjà fait, dans la Province, l'acquiſition de biens conſidérables ; auſſi ces Ignorantins ont-ils une Bibliotheque qui vaut plus de ſoixante mille francs. Dans un ſiecle moins éclairé que le nôtre, ces hommes, qui ne ſont redoutables que pour ceux qu'on met ſous leur verge de fer, pourraient l'être pour la Société. Ils en ont pris un des plus ſûrs moyens ; ce n'eſt pas ſeulement à lire qu'ils apprennent aux enfans, ils leur en-

feignent encore des métiers ; cette double obli-
gation que l'on contracte envers eux leur donne
un double droit à la reconnoiffance du Peuple,
leur livre les efprits, & leur prépare la faculté
dangereufe de les faire mouvoir à leur gré. Je
ne doute pas un feul inftant que ce ne foit dans
cette vue que, lors de la deftruction de la Gen-
darmerie, leur Directeur, l'homme le plus fourbe
& le plus rufé de la nature, s'eft chargé gra-
tuitement de l'éducation de fix enfans de Che-
valiers de Saint-Louis réformés.

 Quelque mal nourri que l'on foit, s'en plaindre, eft un crime grave. J'entendais & j'ai toujours entendu, à chaque inftant du jour & de la
nuit, des malheureux crier à l'affaffin, on m'af-
fomme. J'ai fait plus qu'entendre, j'ai vu ces
vils moines, armés de nerfs de bœuf, accabler
& faire prefque périt fous les coups, des prifonniers qui fe plaignaient de mourir de faim. Et il
eft des hommes qui fe permettent de traiter ainfi
d'autres hommes ! Voilà ce que je ne devois point
laiffer ignorer à mes concitoyens. Les infortunés
que j'ai laiffés dans l'efclavage, y font peut-être encore, & demandent qu'une main fecourable leur
foit tendue. C'eft pour eux que j'écris autant que
pour moi ; qu'on la leur tende. Au fouvenir de
leurs maux, mon ame fe fend, & je crois encore
les partager.

 J'oubliais de dire que le lendemain de mon
arrivée, l'on vint m'apporter un gros catéchifme
& un réglement barbare auquel il falloit fe con-
former, & qu'en conféquence il fallait apprendre par cœur & réciter littéralement. On joignit
à cela un gros chapelet, qu'on vous forçait de

dire trois fois par jour à genoux. Cette faction, plaifante en elle-même, mais très-déplaifante dans les circonftances, prenait cinq heures. Peu fait à cette fituation, qui n'eft guere connue d'un militaire, j'en étais venu à avoir les genoux couronnés comme un vieux cheval de pofte. Je voyais fouvent de mes compagnons d'infortune tomber en faibleffe ; j'en ai couru moi même le rifque. La défenfe de fecourir ceux qui tombaient en défaillance, faifait partie du réglement. Barbares ! tigres à figure humaine ! de quel démon, dites-moi, ce réglement eft-il l'ouvrage ?

Le plus grand crime, le crime le plus irrémiffible, eft de chercher à pénétrer ce qui fe paffe. Un jeune homme de vingt-quatre ans voulait époufer une fille vertueufe, mieux née, mais moins riche que lui. Sa famille le fit livrer aux Moines. Excédé de leurs mauvais traitemens, il forma le deffein de fe pendre, & en trouva le moyen. Son voifin avait, à force de patience, fait à la muraille, avec des aiguilles, un trou par où ils fe communiquaient. Il fut inftruit de la réfolution prife par le jeune homme ; il ne put l'empêcher de céder à fon défefpoir, & il le vit expirer. Il le dit tout haut aux geoliers, & fe fit entendre des autres prifonniers. Le mort fut tout fimplement enterré, fans defcente de juges, enfin fans aucune formalité, & l'on fe contenta d'écrire à la famille. Son amante venait fouvent pleurer fur fa tombe ; mais, hélas ! que pouvaient pour lui fes larmes ? que pouvaient-elles pour le malheureux témoin de fa mort ? On l'avait jeté dans l'infernal fauteuil. Ce faureuil, que l'imagination d'un bourreau a pu seul inventer, est un fauteuil à ressorts, qui, dès qu'on vous y a précipité, vous tiennent en situation, de maniere à n'avoir de mouvement que celui auquel vous force la douleur, lorsqu'on vous assomme de coups de nerfs de bœuf. Il y avait deux ans qu'il y était, lorsque je fus sorti de ce repaire odieux.

Nul moyen d'intéresser à son fort ; toutes les lettres, même celles écrites au ministre, sont ouvertes & lues. J'écrivis ainsi en vain à l'Intendant & au Procureur Général du Parlement de Nancy, Inspecteurs nés de cette prison ; & quand mes lettres leur feraient parvenues, je n'en aurais pas été plus avancé. J'ai eu lieu d'apprendre que, dans leurs visites, c'est à la salle à manger que leurs courses se bornent, & que l'ordre du festin est tout ce qu'ils inspectent. Quelle gangrène avait donc gagné toutes les classes de la société !

Je serais encore dans les fers, si, par un hasard miraculeux, une vieille chemise sur laquelle j'avais écrit, n'était point parvenue à sa destination. Elle y parvint. L'amitié d'un ancien Grand Vicaire de Metz le fit agir aussi-tôt, & la lettre de cachet fut révoquée ; mais les moines m'en cacherent pendant quelque temps la révocation. Sans doute ils voulaient par-là ménager au sieur le Noir les moyens de m'opprimer de nouveau, en cas qu'il lui en restât. Que des hommes aussi scélérats sont précieux pour les scélérats dont ils servent les passions !

Je sortis enfin de leurs mains ; mais je ne me trouvai encore libre qu'à moitié, & une nouvelle

C 3

lettre de cachet me reléguait à Nanci (1). Ce ne fut que par le moyen de tiers que je parvins à la faire révoquer ; les lettres que j'écrivais à cet effet étoient ouvertes & retenues à la Poste.

Libre enfin, je crus devoir unir mon fort à celui d'une perfonne eftimable & bien née. J'avois pour cela, Monfeigneur, befoin de votre permiffion & de celle du Roi. Je retrouvai encore ici fur mon chemin le fieur Shée, que les reproches fanglans qui lui avoient été faits à mon occafion auraient dû porter à ne fe point mettre dans le cas d'en mériter de pareils. Les lettres que j'eus l'honneur d'écrire à votre Alteffe Séréniffime ne lui parvinrent point. Permettez-moi, Monfeigneur, de demander ici aux hommes les moins portés à juger défavorablement, fi un pareil acharnement à nuire ne caractérife pas un méchant décidé ? Je recourus directement au Roi, & fon Miniftre m'annonça, par une Lettre datée du 16 août 1788, qu'il m'était permis de me marier en qualité d'Officier de Huffards. Quoique je fuffe bien recommandé à M. l'Evêque de Nanci, il crut ne pouvoir point permettre au Curé de la Paroiffe qu'habitoit ma future époufe, de me marier fans la permiffion de mes Chefs de Corps. J'écrivis au fieur Dumefnil. Il me répondit qu'il était étonnant que je me cruffe Officier de Huffards, après ma captivité, & n'ayant pas rejoint. Je lui fis réponfe à mon tour, affez vivement, & je lui

---

(1) Le fieur le Noir reconnoiffait dans le même temps que j'étois irréprochable. Il l'avoua à un Eccléfiaftique qui lui montra toute fon indignation.

rappelai les Ordonnances qui me difpenfoient de fervir, & qu'il auroit dû connoître en fa qualité de Colonel, & plus encore d'Infpecteur (1). Vraifemblablement peu fatisfait de cette réponfe, il écrivit à Votre Alteffe Sérénifïime, pour lui faire demander au Roi une lettre qui me fît défenfe de me dire Officier de Huffards. Je n'étais pas là pour me défendre, & l'obligeant Shée fervit les défirs du fieur Dumefnil.

Je revins ici le 15 octobre dernier. J'ignorais l'exiftence de la lettre provoquée; je follicitai la Croix de Saint-Louis, due à vingt-neuf ans de fervice. Un Officier général qui s'intéreffoit vivement à moi, reçut du fieur de Saint Paul, au mois de décembre, une lettre qui lui annonçait que je ne pouvais recevoir la Croix de Saint-Louis, puifque votre Alteffe Sérénifïime avoit reçu une réponfe qui ceffait de m'attacher à fon Régiment.

J'allai auffi-tôt trouver le fieur Shée. Il me jura, fur fon honneur, qu'il n'avait connoiffance de rien. Je favais déjà le peu de cas que je devais faire du garant qu'il me donnait, j'en eus une nouvelle affurance. En effet, ayant dès le

_____

(1) Je me contenterai, pour le moment, de dire qa'il faut efpérer que l'on aura égard aux doléances militaires du Vermandois, & qu'il ferait à défirer pour le bien & l'honneur de nos armes, que tous les Colonels reffemblaffent à M. le Comte de la Tour-du-Pin-Chambli, qui en eft l'auteur, & qui l'eft encore du plan d'adminiftration civile, morale, militaire & politique. Sous de pareils chefs, nos troupes feraient heureufes & invincibles.

lendemain demandé un rendez-vous au fieur Dumefnil, & m'étant abouché avec lui, il me communiqua la lettre miniftérielle, en me promettant de la faire révoquer, & il me parut furpris que je n'en euffe point connaiffance. Il pouvait en effet me croire inftruit de fon exiftence, puifque le fieur Shée lui avait marqué m'en avoir envoyé copie en forme & par mandement de votre Alteffe Séréniffime, dans une lettre qu'il m'avait écrite à Nanci le 20 feptembre, & qu'il avait fait charger à la Pofte. Sûr de n'avoir point reçu de lettre du fieur Shée à ce fujet, ni à cette époque, ni à aucune autre, je n'eus rien de plus preffé que d'évidenter la nouvelle impofture du véridique Secrétaire des Huffards.

Je m'adreffai à M. le Baron d'Ogny ; les regiftres des lettres chargées furent compulfés, & il ne s'y en trouve aucune à mon adreffe. Il n'en fera pas de même, Monfeigneur, de celle que j'ai maintenant l'honneur d'écrire à votre Alteffe Séréniffime. Indépendamment de la publicité que je lui donne, j'en ferai parvenir un exemplaire chargé au fieur Bachois & un au fieur de Brunville, & cet envoi fera véritablement chargé. Quant au Shée, je lui en remettrai un moi-même, &, comme c'eft à découvert & au grand jour que l'honneur doit combattre, en l'inftruifant que ce font fes noirceurs que je dévoile, je lui obferverai qu'ainfi que c'eft publiquement que je l'attaque, c'eft publiquement qu'il faut qu'il fe défende. Le combat eft ici à outrance, il faut que l'un de nous deux refte percé à jour dans l'opinion publique, & le fieur Shée y refte percé, s'il ne prouve point qu'il eft faux qu'il a dit *fauſſement* tenir d'un Officier ſupérieur que le contenu aux libelles, *tous anonymes*, étoit véritable ; & il eſt établi qu'il l'a dit : s'il ne prouve point qu'il n'eſt pas allé méchamment & de ſon propre mouvement, aſſurer *fauſſement* au ſieur Bachois que j'en impoſais en me diſant Officier de Huſſards ; & il eſt impertubablement établi qu'il s'eſt permis cette impoſture qui, dans les circonſtances, était une atrocité : je puis donc dès à préſent regarder ſon honneur comme reſtant étendu ſur le champ de bataille. Quant au reproche de ſurdité que je lui ai fait, ſi par haſard il avoit recouvré l'ouïe, c'eſt à lui de m'en convaincre.

Je croyais, Monſeigneur, n'avoir plus rien à ajouter ; mais je ne puis paſſer ſous ſilence, que, tout récemment, je viens d'avoir l'honneur d'é-crire à votre Alteſſe Séréniſſime, & de lui adreſ-ſer un mémoire, en la priant de l'apoſtiller. Et la lettre & le mémoire, que je rejoins ici avec la même priere, ne lui ſont point parvenus, & ce n'eſt bien certainement pas moi qui les ai empê-chés de lui parvenir.

Tels ont été mes malheurs, dont le dérange-ment de ma fortune a été une ſuite inévitable. La conduite que vous tiendrez, Monſeigneur, entre celui qui les a eſſuyés, & l'homme qui en a été l'auteur, m'eſt connue. Elle ſera celle que vous avez déjà tenue. Si, lorſque je n'étais en-core qu'accuſé auprès de vous, & non con-vaincu de m'être paré d'un nom (1) qui n'était

____

(1) Sans doute il m'étoit flatteur de joindre à mon nom un nom porté par des Officiers généraux, des

pas le mien, votre extrême délicateſſe ſur l'honneur, a cru que c'était aſſez de la ſimple inculpation, pour que votre Alteſſe Sérénſſime dût mettre de la froideur dans l'accueil obligeant dont elle m'avait juſques-là honoré, m'eſt-il permis de douter un ſeul inſtant de toute ſon indignation pour celui qui a eu l'audace inſultante de profaner ſon nom, & de ſuppoſer agir par ſes ordres, en vue de concourir à perdre un innocent ?

Je ſuis avec le plus profond reſpect,

MONSEIGNEUR,

De Votre Alteſſe Sérénſſime,

Le très-humble & très-obéſſant ſerviteur,

THÉBAULT-DE-LA-TOUCHE-BESNARDAIS.

Ambaſſadeurs, des Grands - Croix des Ordres reçus en France ; mais ce nom était celui de ma mere leur proche parente, & le Roi m'avait autoriſé à le joindre à mon nom paternel.

www.ingramcontent.com/pod-product-compliance
Lightning Source LLC
Chambersburg PA
CBHW060442210326
41520CB00015B/3817